奇妙的遗传 趣味生物学大揭秘

谁是变身王？

红红罗卜 著/绘

U0177516

电子工业出版社·
Publishing House of Electronics Industry
北京·BEIJING

动物大家族

找一找，合照中的动物们哪些地方相似，哪些地方不同？

不同的动物组成了奇妙多彩的动物世界，每一种动物都有独特的个性。

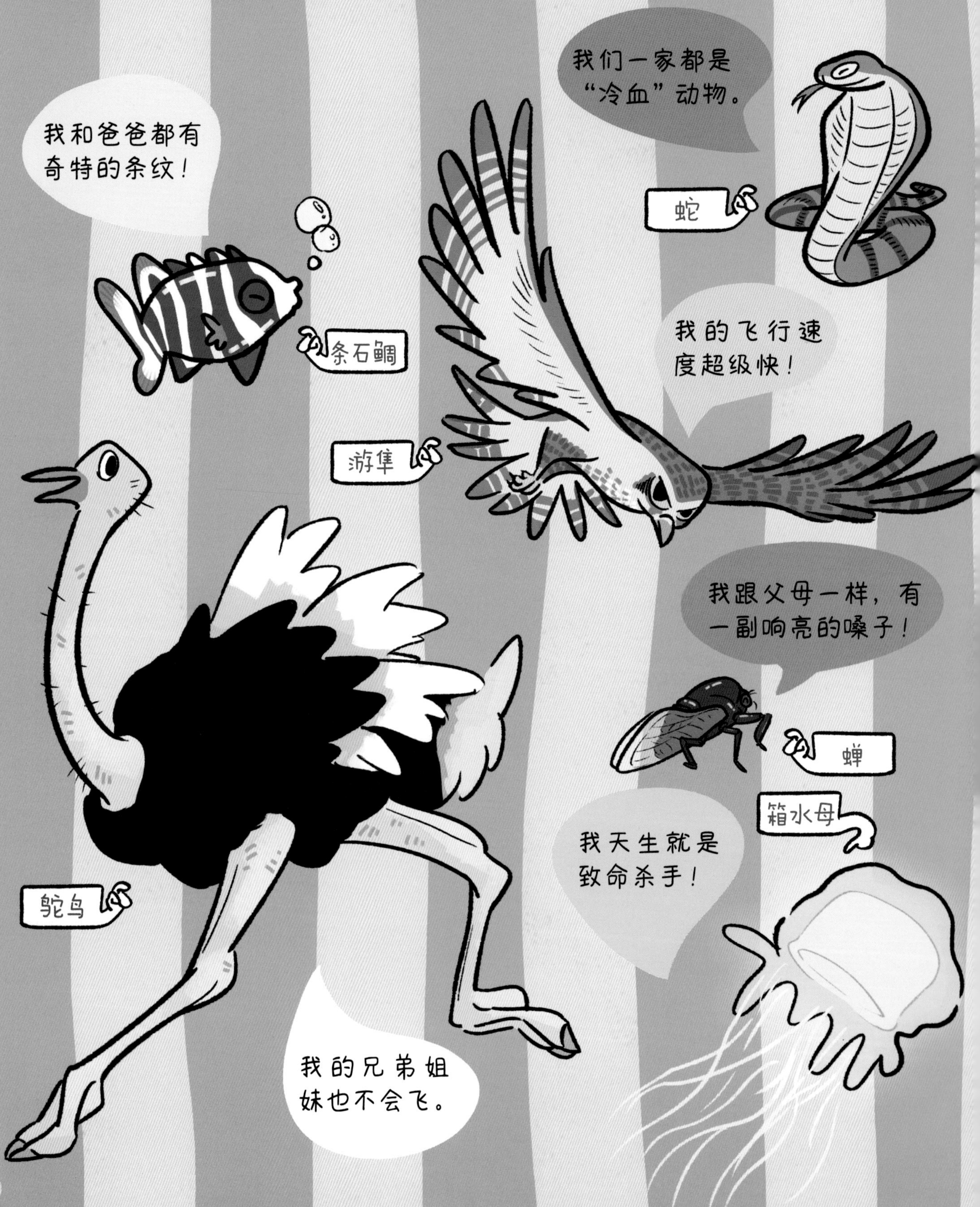

这孩子像我，
也是慢性子。
树懒
我喜欢倒挂着
睡觉，我爸爸
也是这样做的。
蝙蝠
小时候的我生活在妈
妈的育儿袋里，现在
我也用育儿袋装宝宝。
袋鼠
星鼻鼹
咱们一家的鼻
子都长这样！
我们一家都可
以站着睡觉。
食蚁兽
我和妈妈都
爱吃蚂蚁。
马

很像的外形

和人类一样，动物的外形也由其父母决定。

体形

动物的体形魁梧还是小巧？身材细长还是短胖？

皮肤、皮毛

动物的皮肤光滑还是粗糙？体表长着毛发、羽毛还是鳞片？

局部特征

尾巴、翅膀、牙齿、角……
仔细看一看动物身体的每个部位都有什么特征？

爸爸，别人都嘲笑咱们的红屁股！
狒狒
我们一家都长着长尾巴！
环尾狐猴
我们家的每个成员都有属于自己的小房子！
蜗牛
豪猪
我和妈妈都浑身带刺。

相似的内在

不仅是外表，动物们的性格、爱好，乃至生活中的点点滴滴，都和它们的爸爸妈妈有关！

性格

动物也有各种各样的性格，它们是胆小敏感，还是勇猛好斗？是温和友好，还是有仇必报？

狮子算什么？！让我碰上，照样揍扁它！
不愧是我儿子！咱们蜜獾向来就是胆子大！
蜜獾
蜜獾爸爸

平心静气。
不争不抢。
水豚宝宝
水豚妈妈

应该没人会和我们一家抢食物吧？
屎壳郎

食性

它们以素食为生还是无肉不欢？会不会吃一些令人意想不到的东西？

居住方式
动物们愿意住在什么样的地方？喜欢干燥还是湿热的环境？对卫生有要求吗？群居还是习惯做独行侠？
孩子走了，这个树洞总算清净了！
松鼠
终于可以自己住啦！
松鼠宝宝
坚持清理巢穴，每天都要保持干净！
蓝鸲和蓝鸲宝宝
白蚁
我们整个家族一起住在共同筑的巢里。

生来就是小天才

有些行为不用父母教，动物们生来就知道该怎么做。

取食

对动物来说，获取食物是非常重要的事情。很多时候，取食行为并不需要向父母学习。

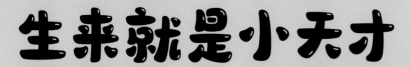

妈妈没教过我，但我天生就和妈妈一样会织网！
蜘蛛

我们都会放电，既能用于捕食，又能击退敌人！
电鳗

我的长脚很适合用来捕蛇。
蛇鹫

两只打架的雄狮
走开！这是我的地盘！

攻击

动物之间为了争夺食物、领地和配偶，会发生相互攻击、打斗的行为。

防御

有些动物一生下来就懂得怎样防御敌人，这些保命的技能早就写入了它们的基因。

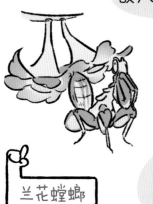

我能喷出臭臭的液体赶跑敌人！爸爸妈妈就是这样做的。
臭鼬

我把自己伪装成一朵兰花，眼神不好的敌人别想发现我！
兰花螳螂

妈妈是跑步健将，而我出生三四天后就能奔跑啦！
羚羊

危急时刻，我可以把尾巴留下来，自己跑掉！
壁虎

繁殖

动物怎么求偶？是一夫一妻制吗？对幼儿是不管不顾，还是悉心照料？

我们天鹅是一夫一妻制！
天鹅

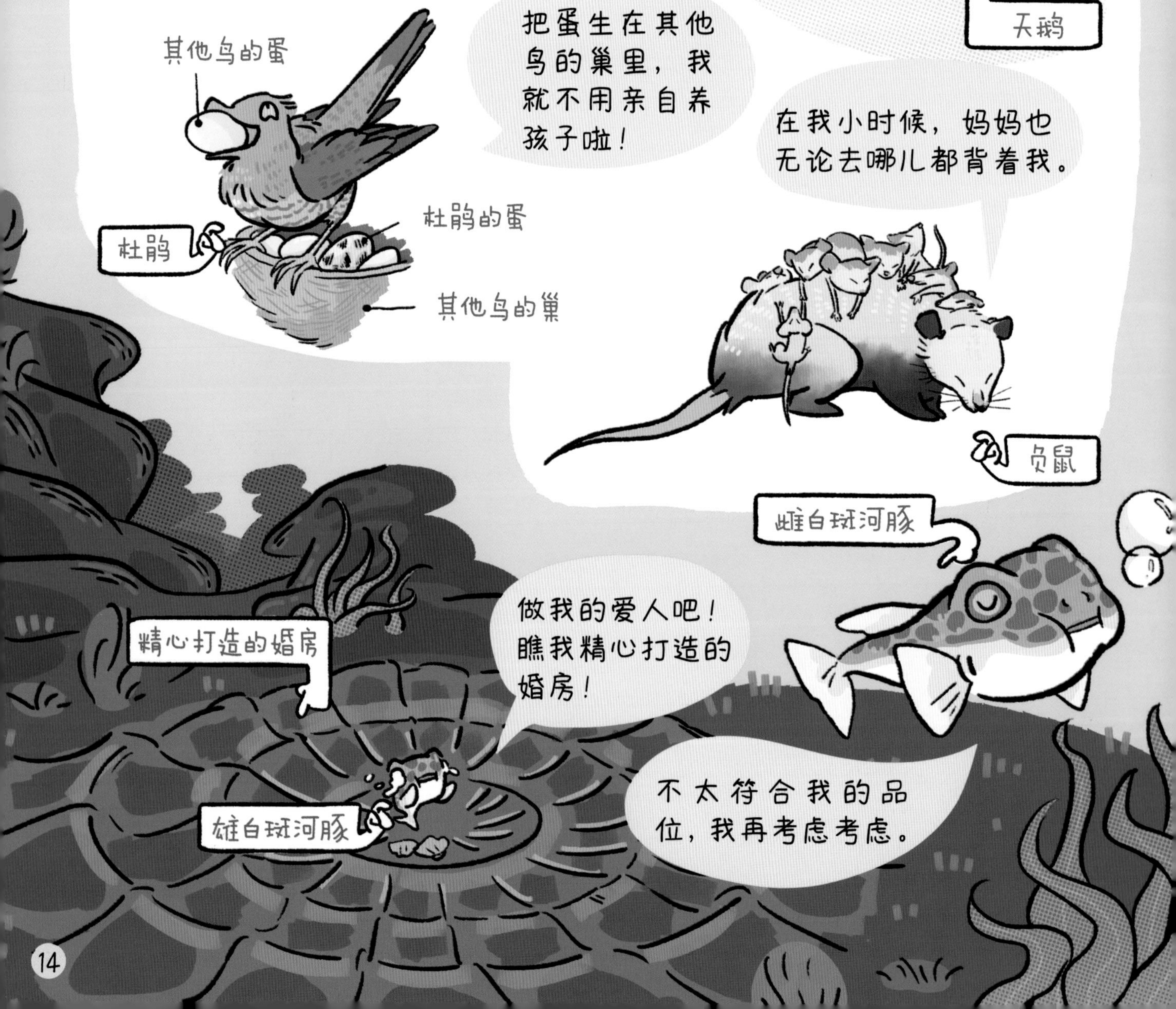

其他鸟的蛋
把蛋生在其他鸟的巢里，我就不用亲自养孩子啦！
杜鹃
杜鹃的蛋
其他鸟的巢
在我小时候，妈妈也无论去哪儿都背着我。
负鼠
雌白斑河豚
做我的爱人吧！瞧我精心打造的婚房！
精心打造的婚房
雄白斑河豚
不太符合我的品位，我再考虑考虑。

天亮了，该回
家睡觉啦！
猫头鹰

节律

动物的作息是怎么样的？会冬眠、夏眠吗？是一辈子生活在同一个地方，还是到了一定时候就迁徙到别处去呢？

现在多吃点儿，
冬天就不出门了。
亚洲黑熊

灰鲸
我的家族每年都
要迁徙两万千米。

学习行为

动物生来就有的，由动物体内的遗传物质所决定的行为叫作先天行为。除此之外，动物还可以通过后天的学习行为，逐渐掌握新的技能。

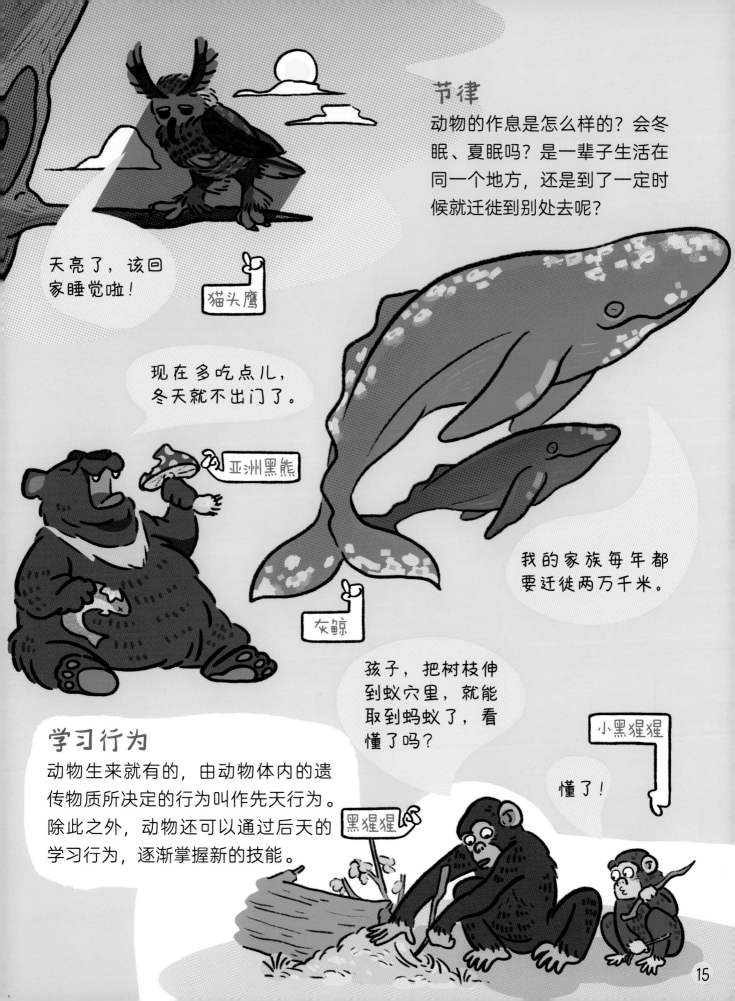

孩子，把树枝伸
到蚁穴里，就能
取到蚂蚁了，看
懂了吗？
黑猩猩
小黑猩猩
懂了！

基因与遗传

动物与它们的父母相似，靠的是基因和遗传。

控制性状的基因

动物特别的长相、丰富的性格、特定的行为，都可以被称作性状。性状是由基因控制的。

基因造就了我身上的条纹！
斑马

夜莺
基因让我有了美妙的歌喉。

我有 23 对染色体。
人
23

数量不同的染色体

和人类一样，动物的基因也住在染色体里，不同动物的染色体数目不同。

66
我有 66 对染色体。
翠鸟

蚊子
3
我只有 3 对染色体。

飘逸的毛发
我是男孩子，长大之后肯定像爸爸！
小狮子

安能辨我是雄雌？
兔子

基因与性别

基因在不同性别的个体身上有着不同的表达。有的动物男孩女孩一个样，而有的动物，女孩更像妈妈，男孩更像爸爸。

以后我也会有漂亮的大尾巴吗？
你是女孩，以后会长得像妈妈。
小孔雀
雄孔雀
雌孔雀

动物的生殖

动物的基因是怎样传递给孩子的呢？

出生方式

动物的出生方式主要有四种：胎生、卵生、卵胎生、假胎生。

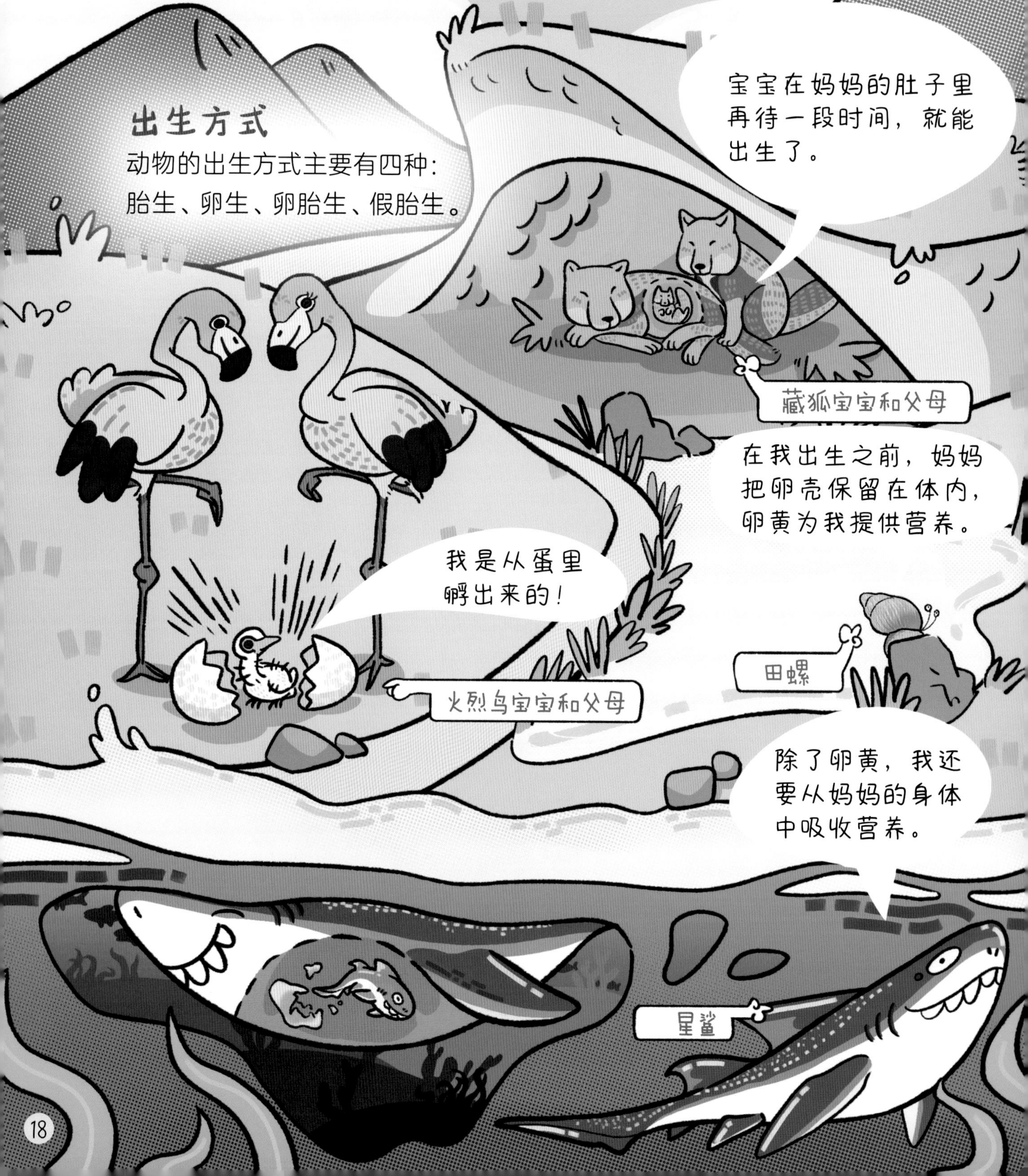

如果顺利交配，它们的基因就能传递给下一代。

有性生殖

在自然界中，动物往往需要通过雌雄交配，才能生下孩子。

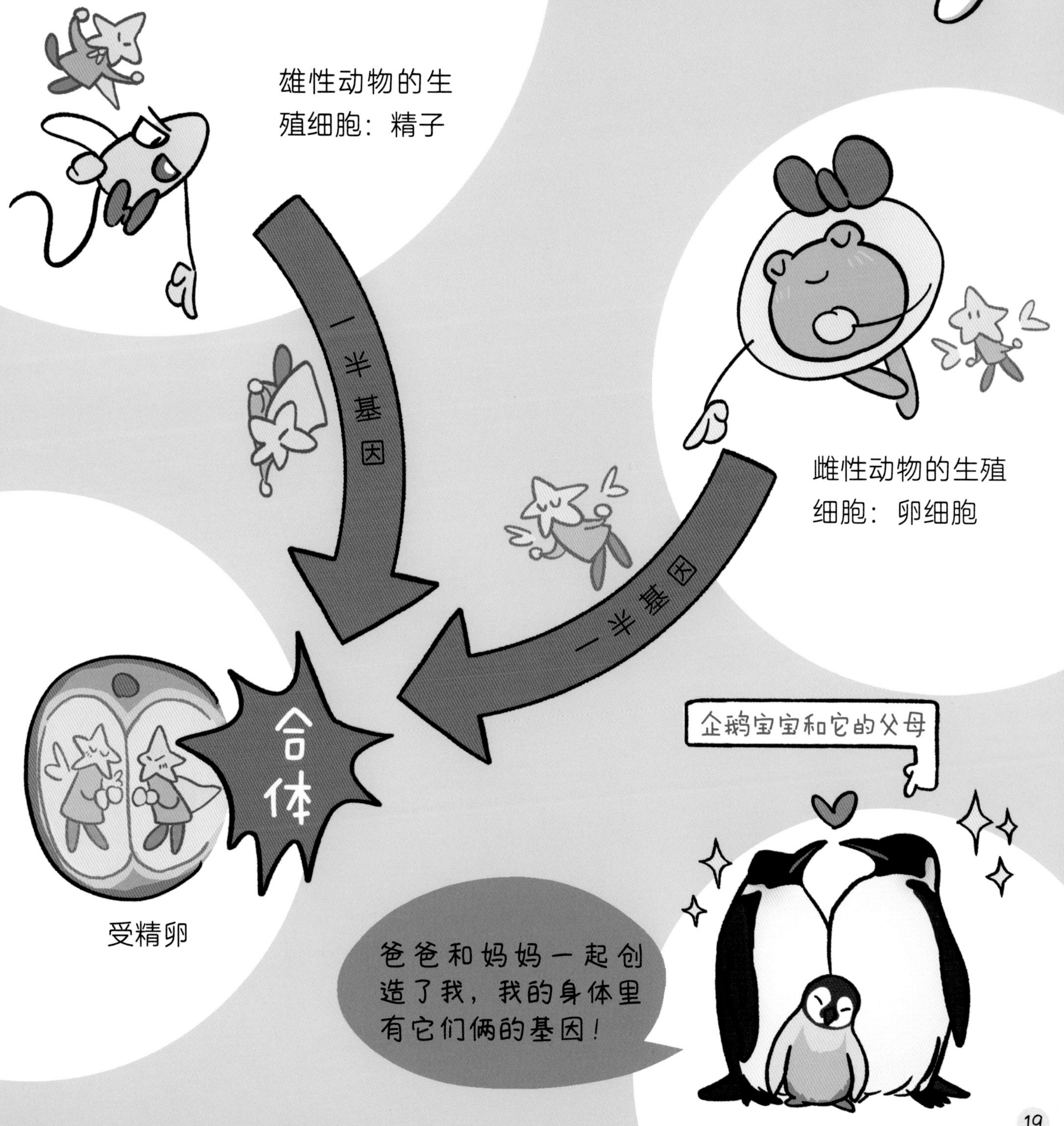
雄性动物的生殖细胞：精子
一半基因
雌性动物的生殖细胞：卵细胞
一半基因
合体
受精卵
企鹅宝宝和它的父母
爸爸和妈妈一起创造了我，我的身体里有它们俩的基因！

孤雌生殖

单靠妈妈就能繁衍后代吗？在缺少雄性动物的情况下，一些雌性动物仅凭自己的卵细胞，就能生下孩子。

孤雌生殖的动物也是分雌雄的，只是有时候雄性不参与生殖。

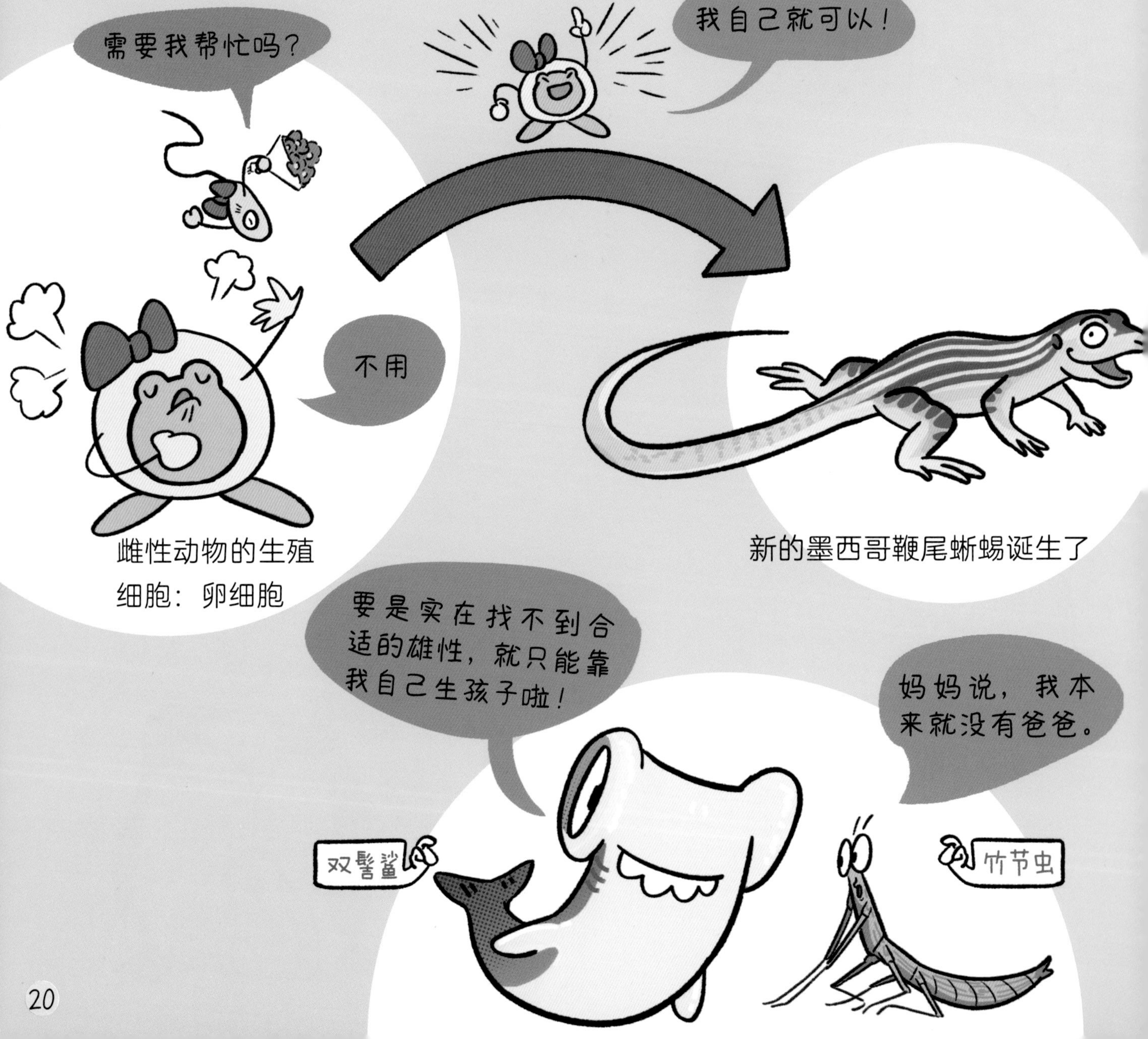
需要我帮忙吗？
我自己就可以！
不用
雌性动物的生殖细胞：卵细胞
新的墨西哥鞭尾蜥蜴诞生了
要是实在找不到合适的雄性，就只能靠我自己生孩子啦！
妈妈说，我本来就没有爸爸。
双髻鲨
竹节虫

无性生殖

有些动物不需要交配，甚至不需要生殖细胞，就能用自己的体细胞直接复制出另一个自己。复制出来的动物和原来的动物有着一模一样的基因！

无性生殖的动物通常比较原始，它们大多不分性别。

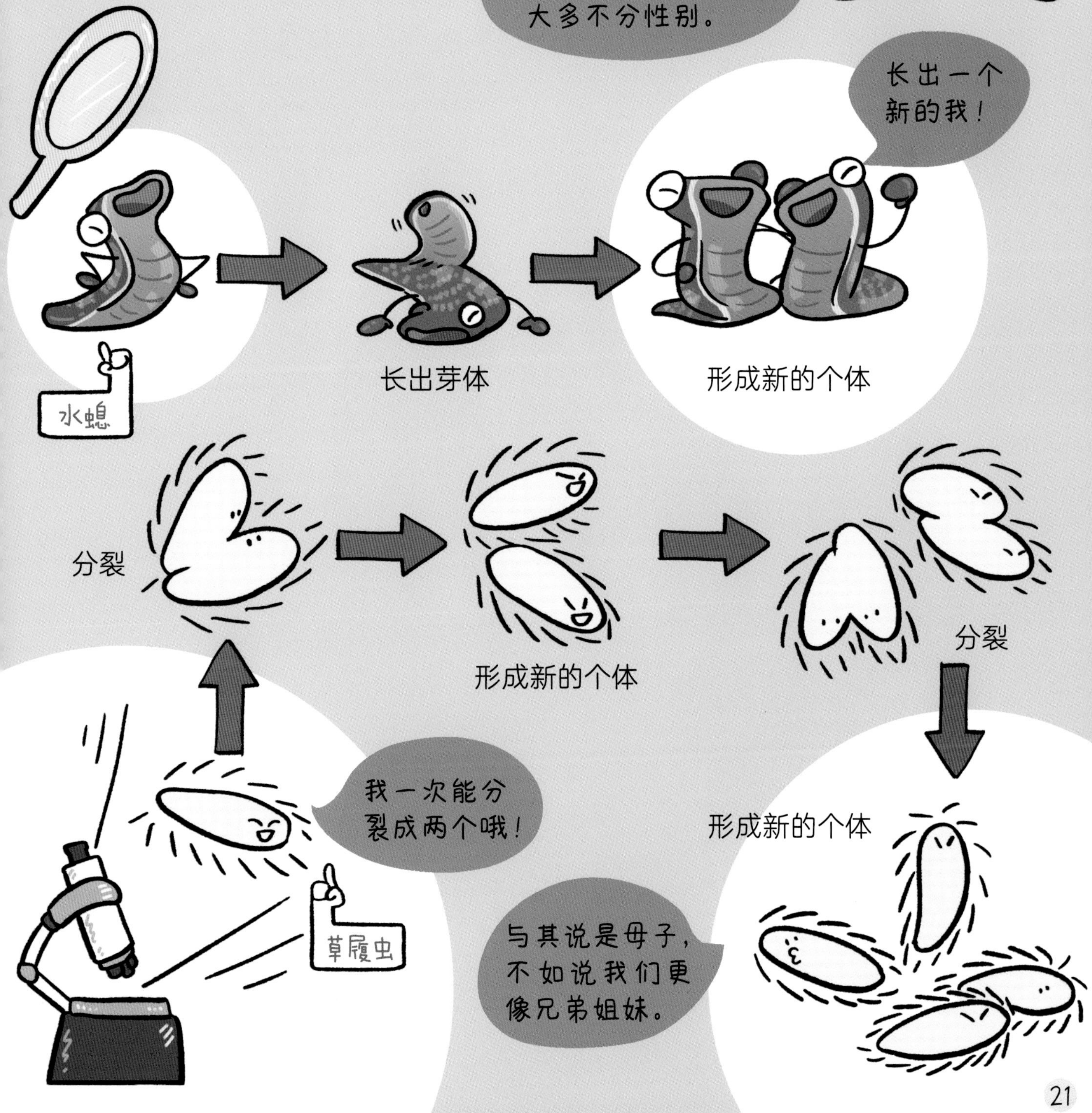

水螅
长出芽体
长出一个新的我！
形成新的个体
分裂
形成新的个体
分裂
形成新的个体
我一次能分裂成两个哦！
草履虫
与其说是母子，不如说我们更像兄弟姐妹。

家庭成员各不同

人类不会与爸爸妈妈一模一样，大多数情况下，动物也是这样。

重新组合的基因

一些动物身上既有爸爸的基因，也有妈妈的基因。父母的基因在组合的时候会出现不同的可能性，所以它们的孩子也会各不一样。

无性生殖和孤雌生殖不会出现基因的重新组合！

橘猫爸爸
狸花猫妈妈

我的毛色一点儿也不像妈妈。
我一半像爸爸，一半像妈妈。
我们几个的毛色怎么都不一样？

儿子，你怎么比我更帅？
花豹

变异

如果动物既不像爸爸，也不像妈妈，那么它们就可能出现了变异。有性生殖的动物出现变异的概率更高。

黑豹
其实我身上也有花纹，要仔细看才能发现！

我太显眼了，猎物从很远的地方看到我就跑掉了。
白化鳄鱼
咕

变异的后果

对于动物而言，变异有好有坏。有利的变异能让动物更加适应自然环境，要是出现不利的变异，它们就可能被自然淘汰。

牦牛
厚厚的毛发让我比野牛更能适应高原的环境！

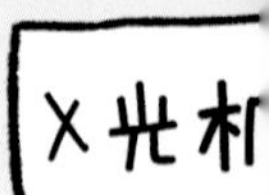

意想不到的亲戚

地球上有各种各样的动物，它们之间有什么联系吗？

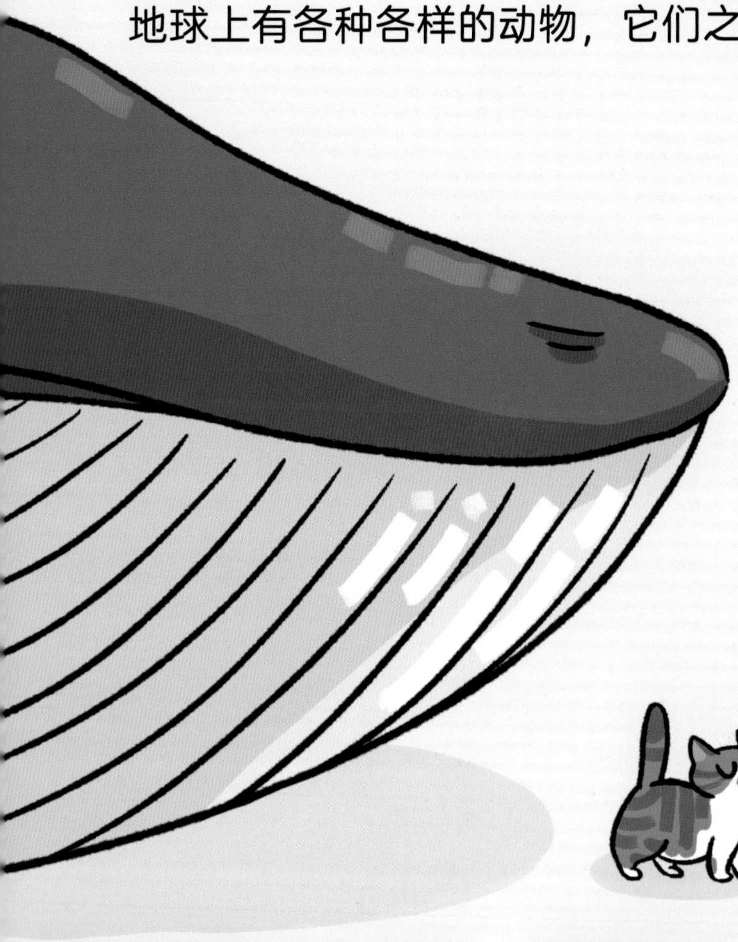

原来是近亲

许多动物外表看上去很不一样，但仔细研究，就能发现它们之间潜藏着惊人的相似性！或许，动物之间的亲缘关系比我们想象中的更近。

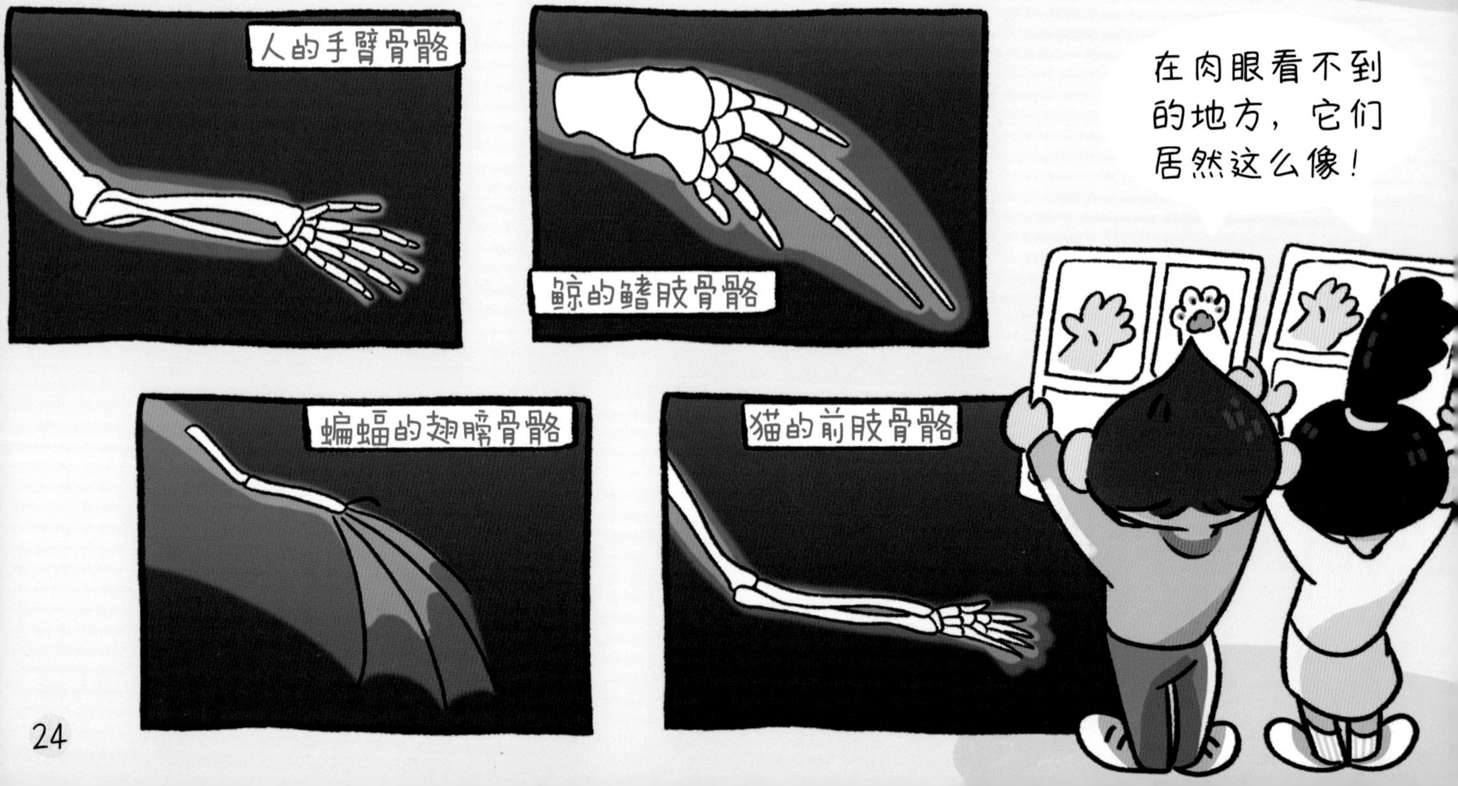
人的手臂骨骼
鲸的鳍肢骨骼
在肉眼看不到的地方，它们居然这么像！
蝙蝠的翅膀骨骼
猫的前肢骨骼

共同的祖先

如果两种动物之间存在亲缘关系，那就意味着它们有着共同的祖先。

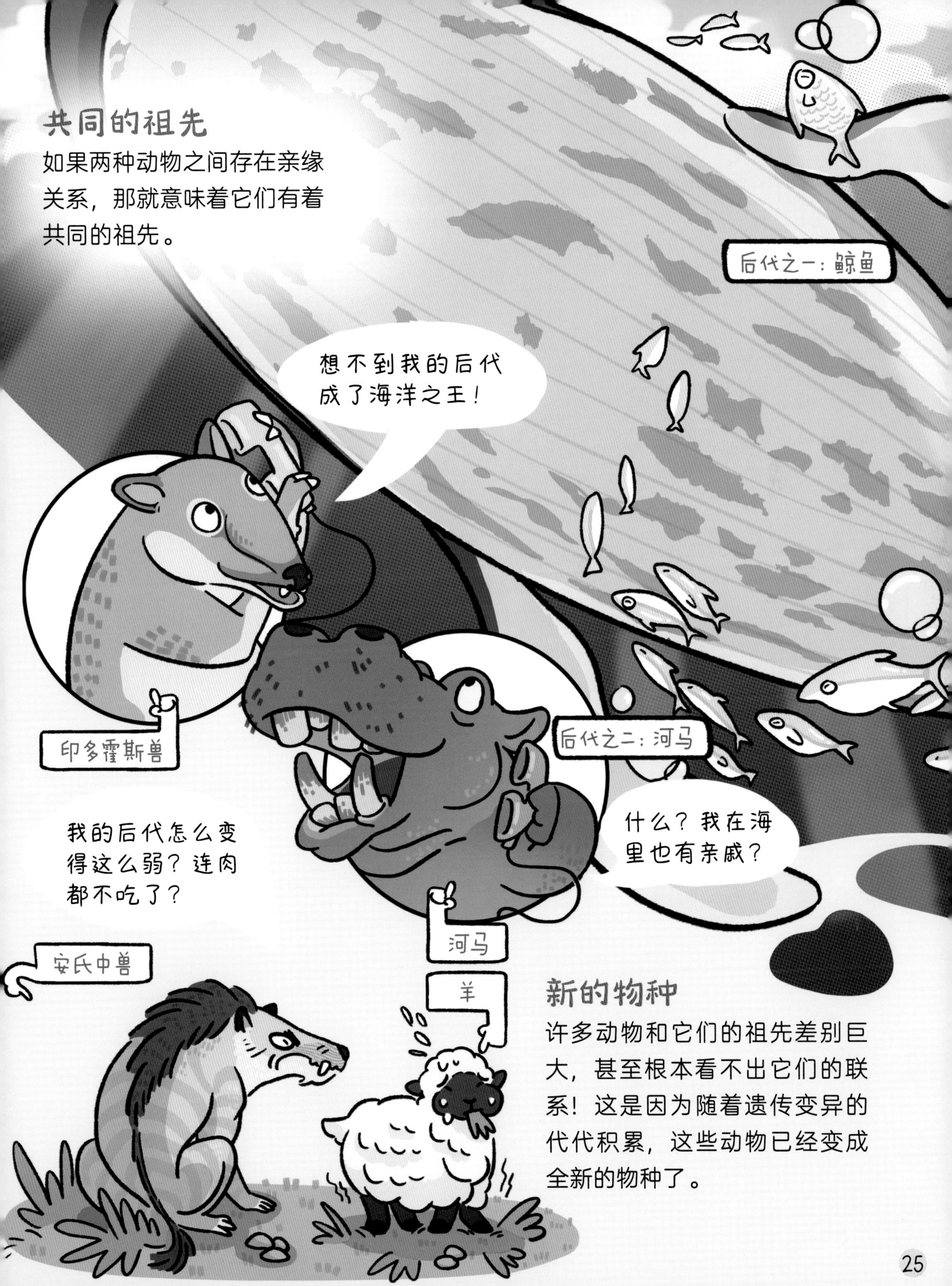
后代之一：鲸鱼
想不到我的后代成了海洋之王！
印多霍斯兽
后代之二：河马
我的后代怎么变得这么弱？连肉都不吃了？
什么？我在海里也有亲戚？
河马
安氏中兽
羊

新的物种

许多动物和它们的祖先差别巨大，甚至根本看不出它们的联系！这是因为随着遗传变异的代代积累，这些动物已经变成全新的物种了。

新物种的诞生

新的物种是怎么诞生的呢？其中有什么秘密吗？

达尔文发现，分布在不同岛屿上的同一种地雀，喙的形状出现了差异。
达尔文

地理隔离

同一种动物要是被分隔开来，住在不同的地方，随着时间的推移，它们之间的差别会越来越大。

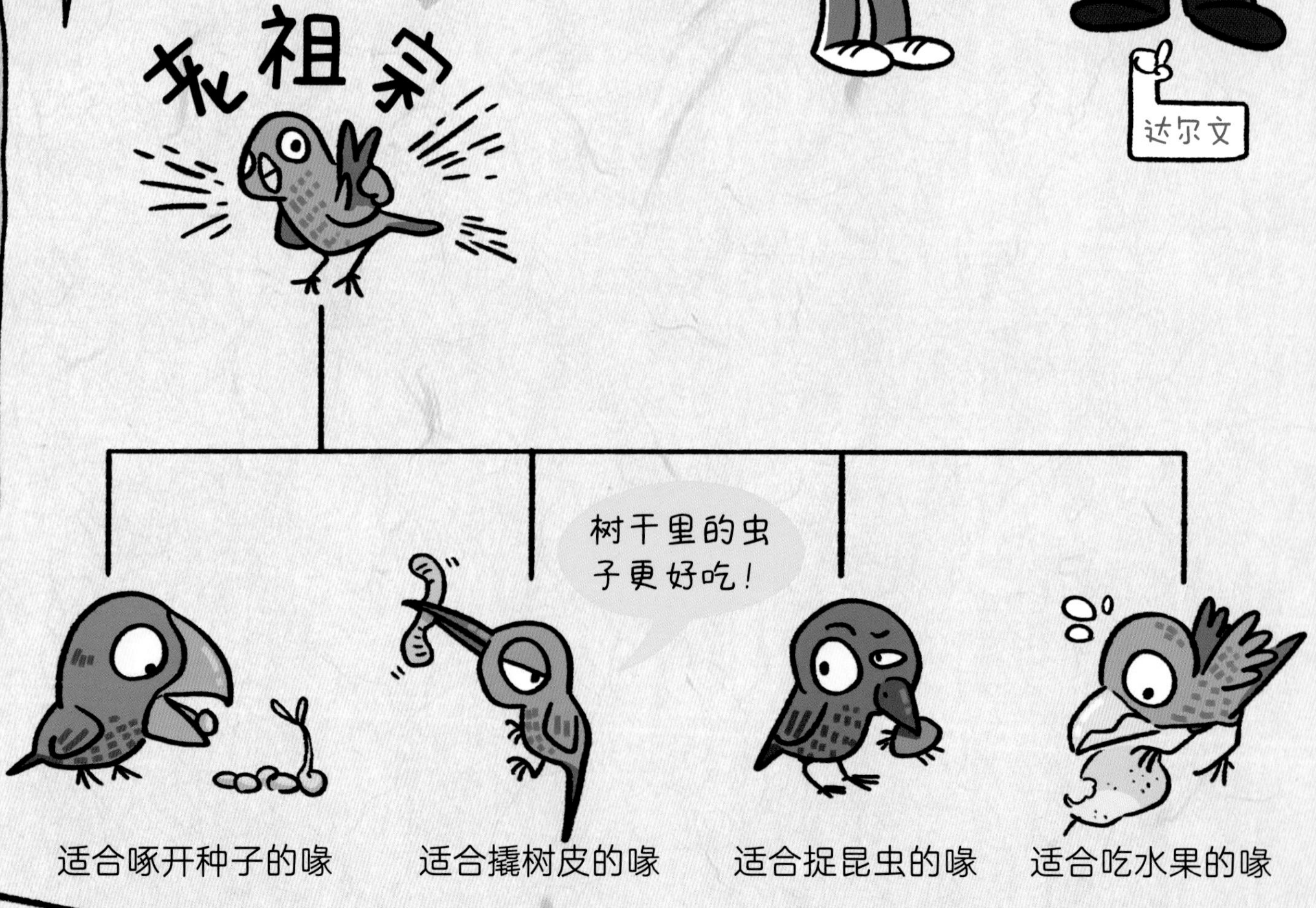

老祖宗
树干里的虫子更好吃！
适合啄开种子的喙
适合撬树皮的喙
适合捉昆虫的喙
适合吃水果的喙

生殖隔离

当同种动物之间的差距越来越大时，它们就会分化成不同的物种。不同的物种之间存在生殖隔离，它们无法自由交配，或者即使交配，也无法产生可以生育的后代。

生殖隔离是新物种诞生的标志！
抱歉，我不和白毛的谈恋爱。
白天鹅
黑天鹅拒绝白天鹅的求爱
驴爸爸和马妈妈
我的父母是马和驴，可我却不能继续生孩子。
新物种通常需要经历遗传变异的长期积累才能形成，但有时也能在短时间内快速形成。
骡子
体检报告

动物的进化

生物通过遗传、变异和自然选择，不断进化。

我的祖先只能吃草，而我却进化出了能吃树叶的长脖子。
长颈鹿
我进化成了捕食者发现不了的样子。
枯叶蝶
我因为不适应气候的变化而被淘汰了，你们只能通过化石来了解我啦！
为了躲避海里的危险，我进化出了能飞离水面的鱼鳍！
霸王龙化石
飞鱼

物竞天择，适者生存

动物们为了生存会进行激烈的斗争。只有那些善于觅食和躲避危险的动物才有可能生存下来，并将自己的基因遗传下去。

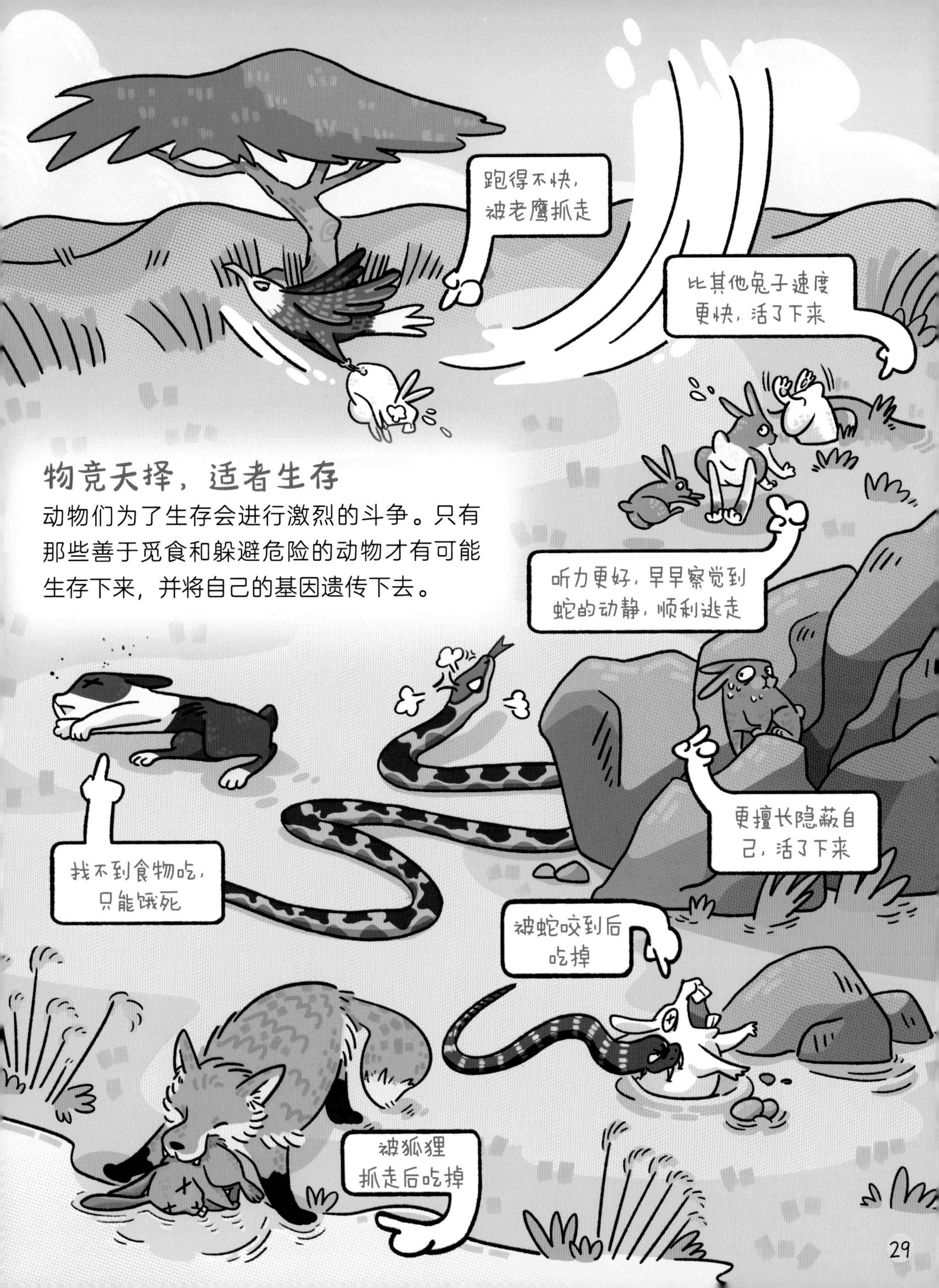

进化的趋势

生物进化的趋势是由简单到复杂、由低等到高等、由水生到陆生。

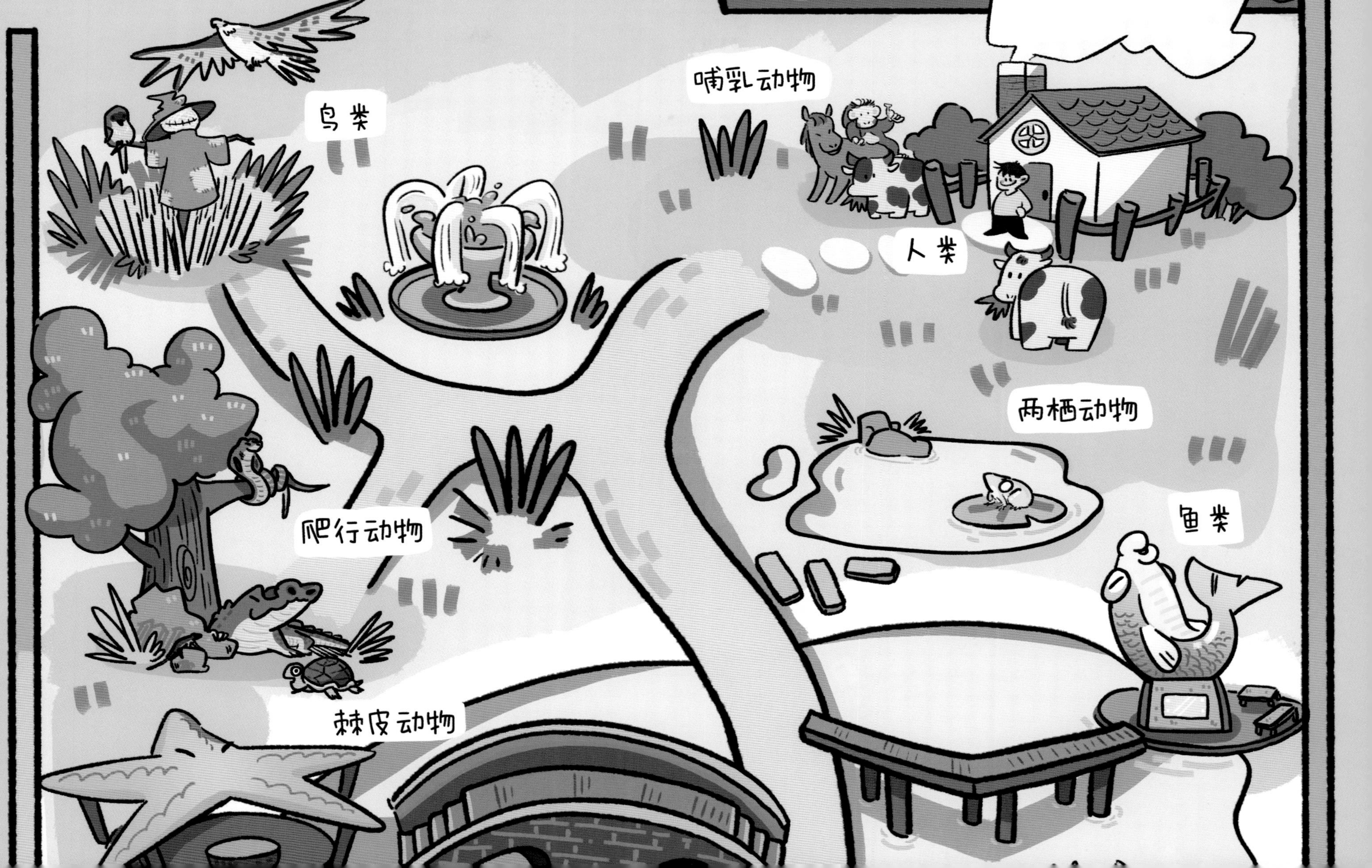
选择你的进化路线吧！
鸟类
哺乳动物
人类
两栖动物
鱼类
爬行动物
棘皮动物

人类的选择

除了自然选择，人类的选择也能影响动物的演变。

品种

品种其实是一个约定俗成的叫法。如果一群动物在遗传特征上相似，且经过了人工的选择和培育，我们便可以将它们归为一个品种。

物种
品种

我们这个品种的狗都有塌塌扁扁的鼻子。
巴哥犬
我像不像一只小狮子？
松狮犬
大家都叫我斑点狗！
大麦町犬
中华田园犬

我的诞生，就是为了让对猫毛过敏的人也能养猫。
无毛猫
太湖猪
我被培育成了世界上产仔数量最多的猪。
我被培育出来后，为人类的实验发挥了巨大的作用！
实验鼠

为了人类的需求

自然选择的规则是看动物能否适应自然，而人类的选择则要依据人类的需求。人会出于对生活及生产的需要或某种喜好来选择和培育动物，也就是进行品种的培育，为的是让动物更符合人的理想。

纯血马
1
我叫纯血马，专为赛场而生！

动物育种

我们是怎样干预动物的演变，从而培育出理想动物的呢？

选择育种

选择育种就是在同一个品种当中，不断选择性状最优良、最符合人的需求的后代，将它们一代代地繁殖下去。

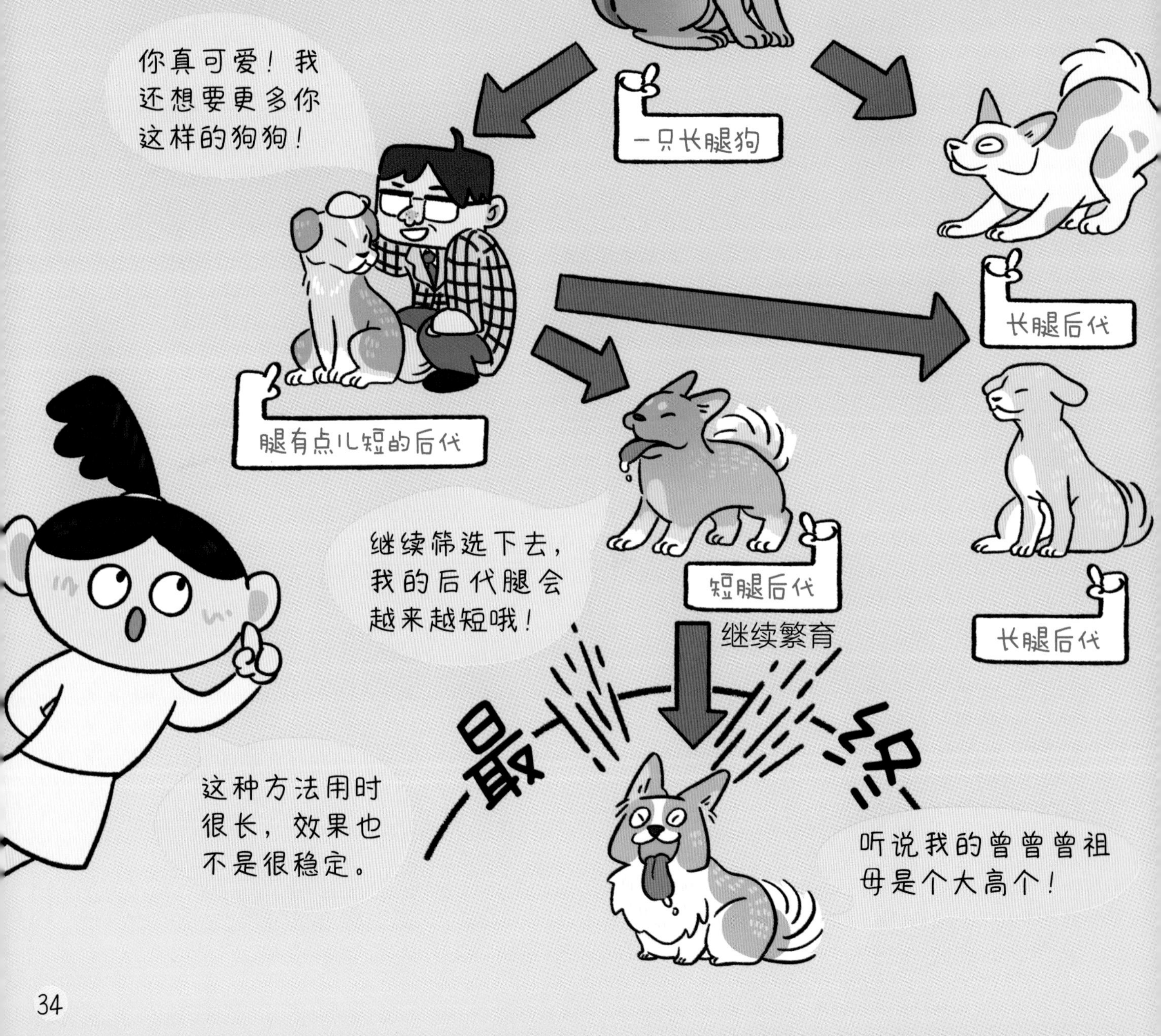

一只长腿狗
你真可爱！我还想要更多你这样的狗狗！
腿有点儿短的后代
长腿后代
短腿后代
长腿后代
继续筛选下去，我的后代腿会越来越短哦！
继续繁育
最终
这种方法用时很长，效果也不是很稳定。
听说我的曾曾曾祖母是个大高个！

这是目前应用最普遍的育种方法。

杂交育种

杂交育种就是让不同品种的动物杂交，然后筛选出继承了父母双方优点的后代。

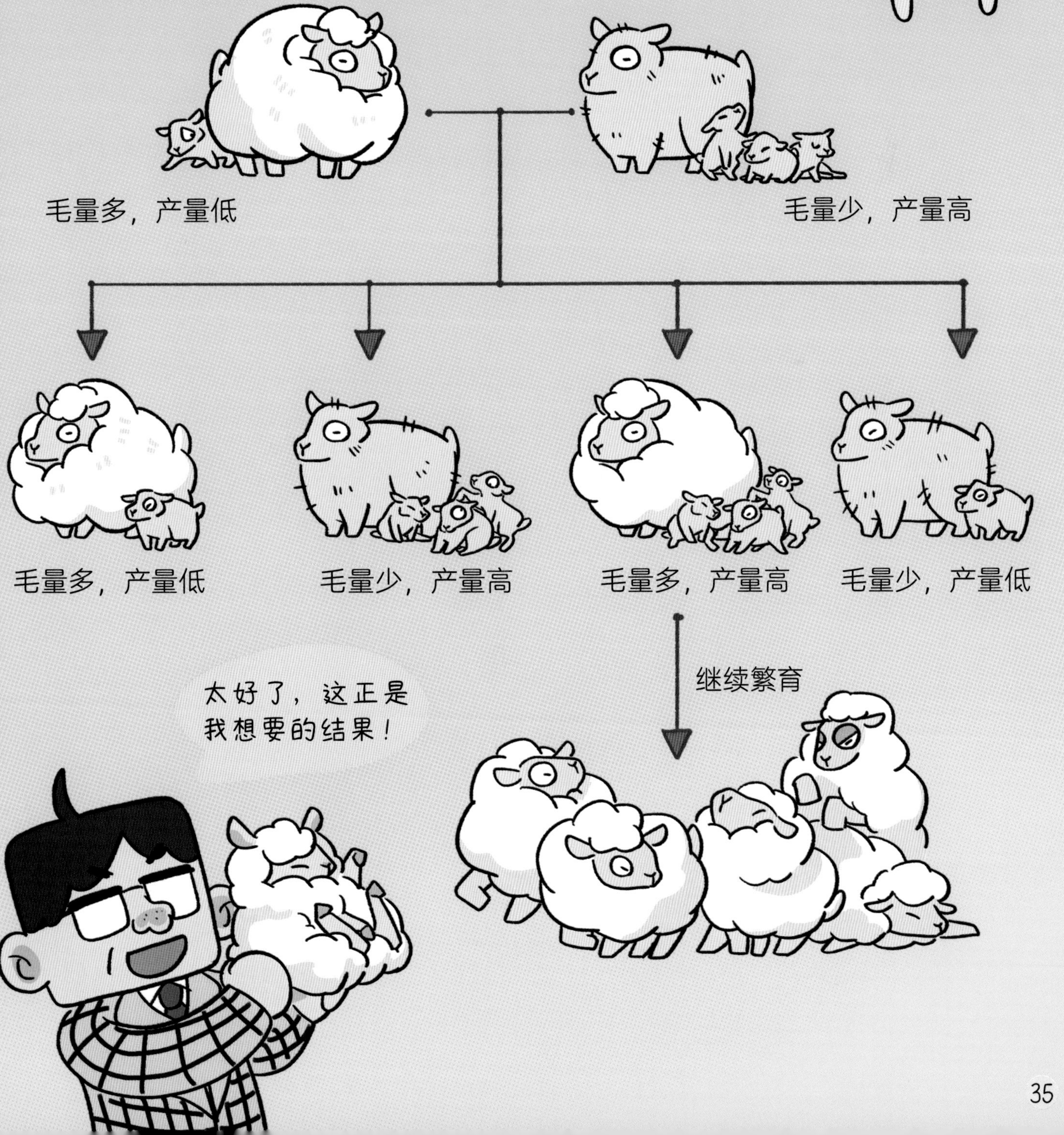
毛量多，产量低
毛量少，产量高
毛量多，产量低
毛量少，产量高
毛量多，产量高
毛量少，产量低
继续繁育
太好了，这正是我想要的结果！

基因工程育种能运用转基因等技术来改变生物的遗传特性，是最新、最有前途的一种育种技术。

提取外源基因　　转入受体细胞　　性状发生变化

打破界限

基因工程育种的神奇之处在于，它能把看上去毫不相干的生物联系起来，跨越物种的界限，实现超远源杂交。

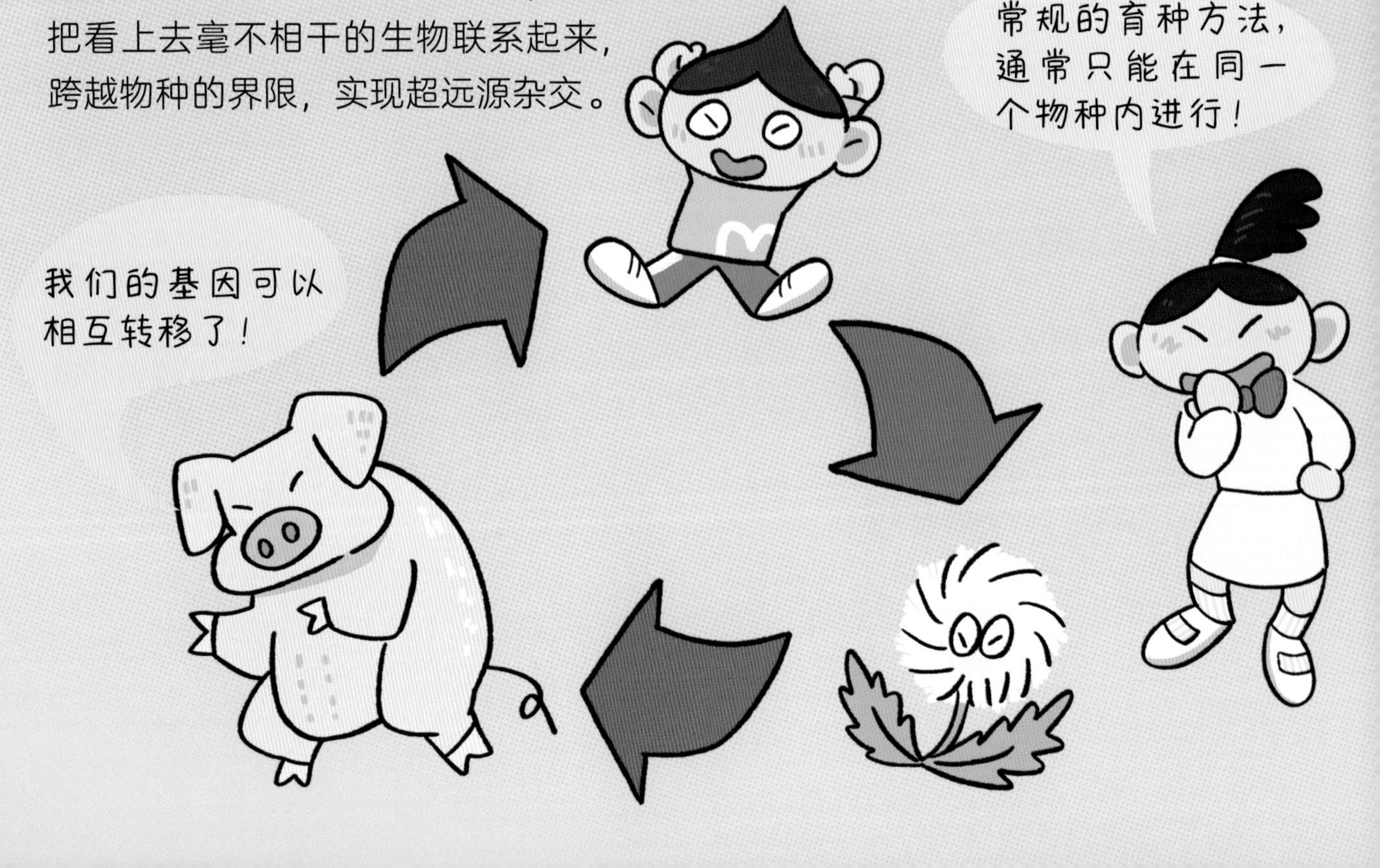

巨大的潜力

基因工程技术不仅能大大加快动物育种的进程，还能设计出自然条件下不会出现的变异，这些变异或许能为人类提供更多帮助。

我是一只可以生产蜘蛛丝的羊。
蜘蛛羊

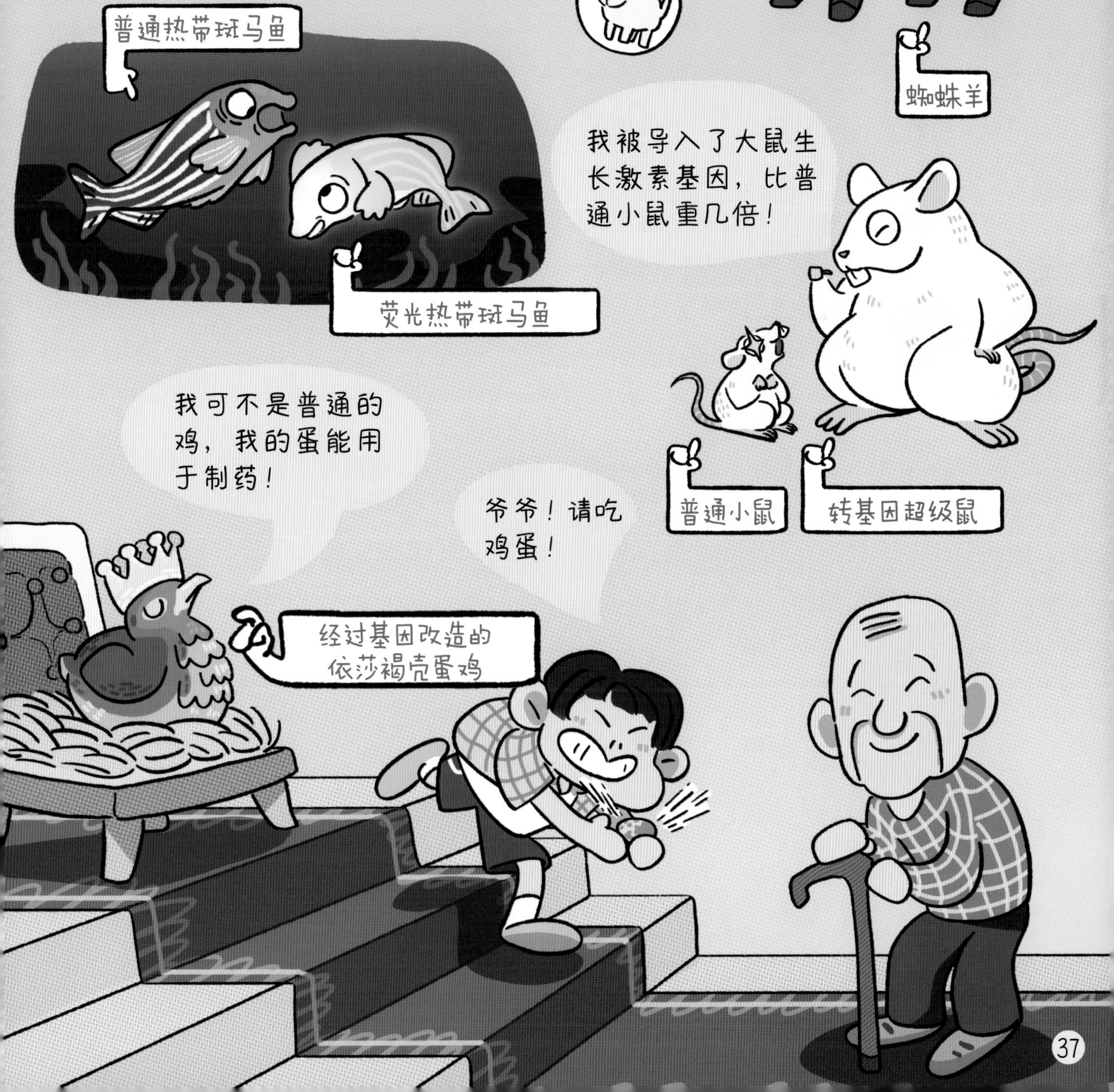

普通热带斑马鱼
荧光热带斑马鱼
我被导入了大鼠生长激素基因，比普通小鼠重几倍！
普通小鼠
转基因超级鼠
我可不是普通的鸡，我的蛋能用于制药！
爷爷！请吃鸡蛋！
经过基因改造的依莎褐壳蛋鸡

动物克隆

人不仅能培育出新的动物，还能制造出一模一样的动物。

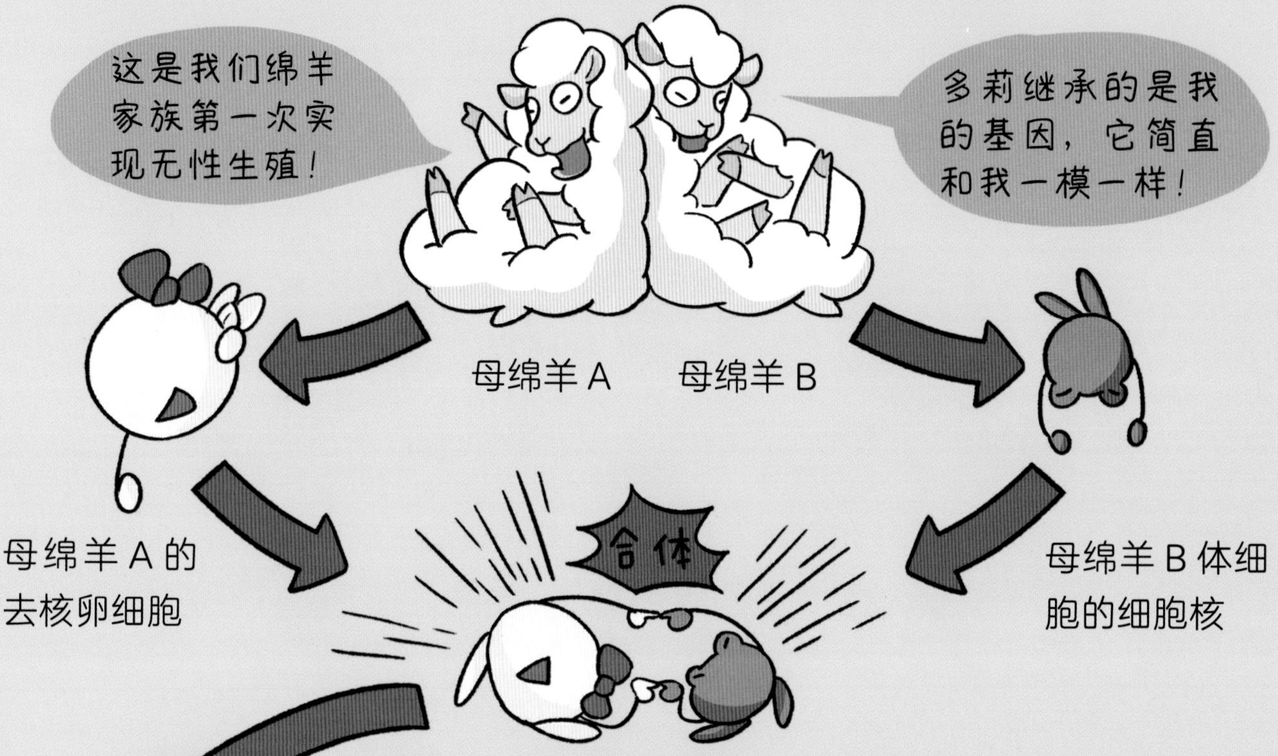

这是我们绵羊家族第一次实现无性生殖！
多莉继承的是我的基因，它简直和我一模一样！
母绵羊 A
母绵羊 B
母绵羊 A 的去核卵细胞
合体
母绵羊 B 体细胞的细胞核

克隆——复制生命

无性生殖的动物可以不依靠交配，直接复制出和自己完全一样的个体。人类利用生物技术，也能将有性生殖的动物克隆出来。克隆形成的新个体，基因和原个体高度相似。

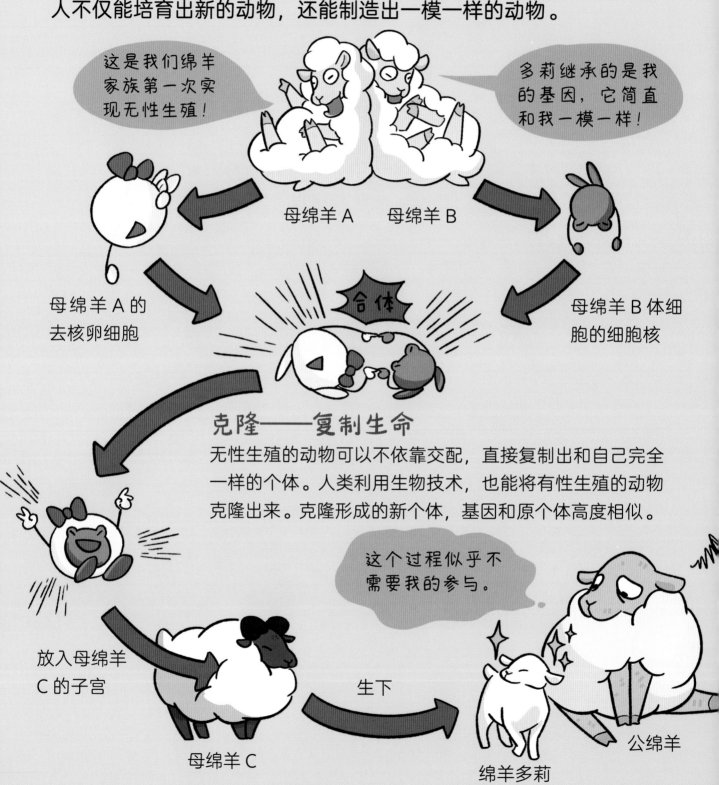

这个过程似乎不需要我的参与。
放入母绵羊 C 的子宫
生下
母绵羊 C
绵羊多莉
公绵羊

克隆技术的用途

利用克隆技术可以把基因优良的动物大量地复制，靠这样获得的个体具有稳定的性状。不仅如此，克隆技术还能在制药、拯救濒危动物等方面发挥作用。

我们身上都有一样的优良基因！

不过，克隆技术的应用也引发了许多争议。
我们是父子，还是兄弟？
我到底是谁？
目前还不存在克隆的人类，想一想，假如克隆人出现，这是好是坏呢？

人工干预的问题

动物的培育给人类带来了许多好处，但其中也存在一些问题。

我的体型太小，所以我的心肺功能十分衰弱。
茶杯犬
我的折耳性状其实是一种软骨病。
折耳猫
我并不是爱笑，而是嘴巴天生无法闭合。
血鹦鹉
转基因食品的生产需要严格的审查和监管！
鸭子

对动物有利吗？

有时候，人类一味地追求纯种、特殊品种的繁育，却忽视了动物本身的健康和需求。

对人类安全吗？

通过基因工程育种，人类培育出了许多转基因动物，这些动物可以放心地食用吗？

对自然有影响吗？

人工培育的动物要是进入自然，可能会打破现有的生态平衡。

会破坏伦理吗？

当动物拥有了人类的基因，我们该怎么看待它们？它们是人，还是动物呢？

遗传多样性

我们的世界需要多样的变异和遗传，自然选择和人类的选择都会给动物的遗传变异带来影响。

越丰富越好

动物的遗传变异越丰富，它们应对自然的本领就越多，对环境变化的适应能力就越强，也越容易开拓新的生存空间。

保护动物，也是保护人类

保护动物的遗传多样性，不仅是保护所有动物进化、发展和生存的前提，也是保护人类赖以生存的动物遗传基因资源。

我们数量太少了，急需人类的抢救！
朱鹮

多米尼克鸡
我是一个古老的品种，现在只被少量饲养，已经没什么活力了。

我们熊猫只有两个亚种，如果没有人类的保护，我们会过得很艰难。
熊猫

拯救濒危物种

据统计，全世界每天都有几十个物种灭绝，因此，保护濒危动物刻不容缓！有些动物数量稀少，很难在自然条件下繁衍，我们可以通过人工繁殖来增加它们的数量。

趣味游戏

如果你是一名育种人，你想培育出什么样的动物？发挥一下自己的想象力吧！

1. 设计外貌

要考虑的地方有：头部的形状，五官的样子，体形的大小，是否有四肢、花纹、翅膀、角……对了，还有尾巴！

设计完成后，给它起个名字吧！

2. 描绘神态

你设计的动物具有什么样的性格？
画一画它的神态和动作吧！

3. 编写食谱

想一想它爱吃的食物，是不是
和你一样呢？试着画出来吧！

4. 建造住处

这只动物喜欢住在什么地方？给它建造
一个合适的住处吧！

图书在版编目（CIP）数据

奇妙的遗传：趣味生物学大揭秘. 谁是变身王？ / 红红罗卜著、绘. -- 北京：电子工业出版社, 2024.6
ISBN 978-7-121-47877-2

Ⅰ. ①奇… Ⅱ. ①红… Ⅲ. ①生物学－少儿读物 Ⅳ. ① Q-49

中国国家版本馆CIP数据核字(2024)第101002号

责任编辑：刘香玉　文字编辑：杨雨佳
印　　刷：北京利丰雅高长城印刷有限公司
装　　订：北京利丰雅高长城印刷有限公司
出版发行：电子工业出版社
　　　　　北京市海淀区万寿路 173 信箱　邮编：100036
开　　本：889×1194　1/16　印张：9　字数：151.5 千字
版　　次：2024 年 6 月第 1 版
印　　次：2024 年 6 月第 1 次印刷
定　　价：138.00 元（全 3 册）

凡所购买电子工业出版社图书有缺损问题，请向购买书店调换。若书店售缺，请与本社发行部联系，联系及邮购电话：（010）88254888 或 88258888。

质量投诉请发邮件至 zlts@phei.com.cn，盗版侵权举报请发邮件至 dbqq@phei.com.cn。

本书咨询联系方式：（010）88254161 转 1826，lxy@phei.com.cn。